我的第一本科学漫画书

玩游戏
看漫画
学数学

数学世界

历险记 ①

被困虚拟数字世界

我的第一本科学漫画书

数学世界
历险记 ①

［韩］柳己韵/文
［韩］文情厚/图
苟振红/译

玩游戏
看漫画
学数学

被困虚拟数字世界

二十一世纪出版社集团
21st Century Publishing Group

决定创作《数学世界历险记》时，我们就树立了一个目标——要创作"有趣的作品"。因为不管是谁，只要提到数学，都会首先联想到复杂的数字和数学算式。而且很多作家也抱有偏见，认为数学是枯燥而生硬的。所以我们想，不管怎样，一定要创作出有趣的漫画作品，减少大家对数学的负担感。在创作过程中，我们自己也领悟到学习数学居然可以充满趣味。

坦率地讲，要解开由一长串数字组成的复杂算式，对于任何人来说都是一件头疼和烦心的事。数学绝不是单纯而且无聊的数字计算，这样的计算用计算器就可以轻易地算出答案。数学是一边提出诸如"怎样在迷宫中寻找出路"或"如何用手中的一根木棒测量金字塔的高度"等看上去有些令人摸不着头脑的问题，一边寻找这些问题的答案的学问。当然，在这个过程中也会有数字计算，但更重要的是寻找和证明答案的过程。这个过程就像侦探小说中主人公收集证据并通过证据推理出谁是犯人的过程一样，紧张而刺激。

各位小朋友，大家不要因为觉得困难而逃避，希望你们与这套书里的主人公一起进入数学世界历险。你们不仅可以从中发现计算的乐趣，而且还能提高成绩，培养和锻炼思考能力。

各位同学,你们有没有经过苦思冥想解答出数学难题的经历呢?我因为喜欢这个思考的过程,而喜欢上了数学。没有感受过那一瞬间灵光闪现的人恐怕是无法理解的。就算花再长一点时间,就算不能马上想到解决方法,但我仍希望各位能与道奇和达莱一起自主地解决本书当中的数学谜题,希望大家能体会到其中的灵光闪现。这种灵光就是喜欢上数学的契机。

喜欢数学非常重要。有些人虽然数学成绩好但本身讨厌数学,随着时间的流逝,那些虽然开始数学成绩一般但喜欢数学的人会比他们更加擅长数学,将来也会取得更好的成绩。

解答一个数学问题,要把已经学过的所有数学知识在脑海中思考一遍,并选出解答这个问题所需的内容,按照正确的方法和顺序来进行。经过这样的锻炼,不仅仅数学成绩能提高,逻辑思维能力也会得到提高。

数学并不只是存在于教科书和习题集中,也隐藏在我们的生活中。和道奇、达莱一起解决在生活与冒险中遇到的数学问题,会让大家了解数学是多么有趣的一门学问。现在就与他们一起进入数学世界吧!

首尔金童小学教师 李江淑

目录

郭道奇

讨厌烦琐的计算,老师和同学眼中的数学傻瓜,他自己也承认。事实上,他拥有惊人的数学天赋与创新思考能力,但这点只有达莱看出来了。

金达莱

任何数学考试都必拿第一名的优等生。和郭道奇住在同一栋房子里。拥有超强的好奇心和冒险精神,为了找出问题的答案,她会不惜付出任何代价。

精灵智妮

虚拟世界中全知全能的管理者。希望利用郭道奇潜在的数学才能,阻止路西法的阴谋。

路西法

郭道奇的父母编写出来的、拥有惊人能力的人工智能程序。虽因人类而生,但他的目标是成为人类的"神"。

本书指南

《数学世界历险记》百分百利用法

漫画数学常识

这里有丰富而有趣的数学知识,例如大家一定要熟记的**基本数学概念**、历史中的**数学故事**以及在日常生活中常见的**数学原理**等。

创新数学谜题

运用每章中介绍的**数学概念**,来解答难度各异的趣味数学问题。

道奇的问题
是最简单的问题。通过解答"道奇的问题"来接触有趣的数学吧!

智妮的问题
是最难的问题。通过解答"智妮的问题"来尝试变成数学天才吧!

达莱的问题
是略有难度的问题。通过解答"达莱的问题"来培养对数学的浓厚兴趣吧!

正确答案及解析

"创新数学谜题"的解答过程与正确答案。

达莱,今天又不是你值日,你留下来做什么?

我等道奇一起回家。

和道奇一起?

啊,对了! 听说道奇住在你家里。

嗯。

道奇的父母都是数学家,去年春天他们应 NASA(美国航空航天局)的邀请,去美国工作了。

他爸爸和我爸爸从小就是好朋友,所以让他寄住在我家,一直到他们回国。

哇,他们真了不起呀!

我们是天才数学家夫妇!

嚯嚯!

道奇的父母

为什么道奇不一起去呢？

父母长期在国外的话，孩子一般也会跟去吧？

去美国读书要先通过英语考试，道奇嫌麻烦不肯去。

你怎么知道没有半缸呢？

零零

我是算好了才倒的，当然知道了！

刚才你算的时候也可能少算了一杯嘛。

喂，你当我是傻瓜吗？

？

什么事啊？

你们怎么天天吵架呢？

老师让我们往玻璃缸里倒入正好一半的水。

你们是怎么倒的？

我用杯子装满水再倒入玻璃缸，倒了 72 杯正好装满，之后又舀出了 36 杯。

计算上是没错啦。

就算杯数没错，杯子里盛的水量不一样的话也会有差别的！我没法相信你！

知道了，那我来帮你们测一下是否正好是一半吧。

怎么测？

有啥办法？

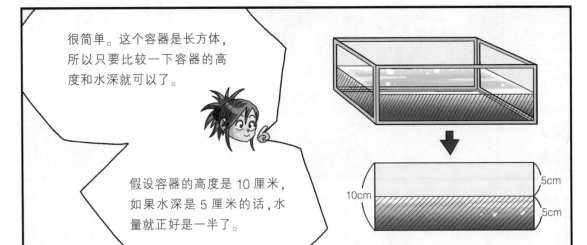

很简单。这个容器是长方体，所以只要比较一下容器的高度和水深就可以了。

假设容器的高度是 10 厘米，如果水深是 5 厘米的话，水量就正好是一半了。

10cm

5cm

5cm

所以只要有一把尺子就行了。

哇，居然有这么简单的办法啊！

不愧是数学天才！

那就找把尺子吧！

谁有尺子？

稍微等一下。
没准会有更
简单的方法。

嗯?

尺子也
不用?

道奇!

他?

?

不可能吧!

……

"25分"会
知道?

讨厌!我为什么
要告诉你们?

道奇呀!

我就说嘛。

不懂就承认好啦。

可不
是嘛。

……

好……好吧,你
告诉我们的话,
你要打扫的区
域我们包了。

真的?

当然!说到做到!

只要把玻璃缸倾斜一下就知道了。

那我先走了哈。

嗯?

什么?

！

倾斜一下就知道了?

啊！

是这个意思啊！

！

好像差一点才到一半啊！

我明明只舀了36杯出来呀。

对啊！立方体的六个面都是长方形,这个办法最简单,不愧是道奇!

哇哈……啪啪

长方形?

所以呢?

难道你们还没明白吗?

好，我来简单解释一下。首先我们得了解直角三角形和长方形的定义。

长方形是指四个点用线段连接构成，内角全部为直角(90°)的四边形。

长方形

长方形的四个点叫作顶点，线段叫作边。

边

90°　　90°
90°　　90°

顶点

这些我们都知道。

直角三角形指的是三个内角中一个角为直角的三角形。

顶点

直角三角形

边

90°

顶点

有趣的是，连接长方形相对的两个顶点将其分成两半，就会得到两个同样大小的直角三角形。

......

90°

90°　　90°

90°

道奇就是利用长方形这样的特性，在没有尺子的情况下轻易把问题解决的。

90°

90°

哇啊！

数学测验倒数第一的道奇怎么能想出这么巧妙的方法呢?

是啊,我也觉得这点更让我震惊!

道奇不是数学傻瓜,而是数学天才。

道奇的思维方式和一般人的不同。他可以从立体的角度来看待事物。

他只是觉得数字和计算的过程很烦,所以考试成绩不理想。

我也该走了。

道奇,等等我!一起走吧!

达莱刚才说什么?

......

我也不清楚,但好像是很深奥的话,看来达莱果然是天才啊!

孩子们,明天就放假了,你们要不要来上数学补习班啊?

为什么要学数学呢?

什……什么?

我已经在上了。

你说什么呢?数学知识与我们的实际生活有非常紧密的联系啊。

你这孩子说的话真是……

简单的运算自不必说,从我们穿的衣服、住的房子,到汽车、飞机、宇宙飞船等,甚至包括天气预报,都要用到数学。数学在这个世上是无处不在的。

要找出与数学毫无关联的事物,反而会很难呢。

举个例子来讲，计算机的运算模式正是采用了数学里的二进制法。

二进制？那是什么？

我们经常用 0、1、2、3、4、5、6、7、8、9 这十个数字来表示数的方式叫作十进制。

二进制是只用 0 和 1 两个数字的组合来表示数的方式。

啊？您是说那么复杂的计算机，它只认识 0 和 1 的数字组合吗？

没错！

哼哼，要上钩了。

现在知道数学这门学科是多么的精深和伟大了吧！

是，但我想当足球运动员，所以不学数学也可以。

你的理想又变了呀？

我怎么觉得像被耍了……

我们回来了。

好,快进来吧。

道奇,你在美国的父母给你邮寄了一台游戏机做礼物。

游戏机吗?

是啊,也有达莱的份儿,他们寄了两台来。

我也有吗?

游戏机放在你们的书房里了,去看看吧。

哇啊!

快去看看!

别碰着,上楼慢点。

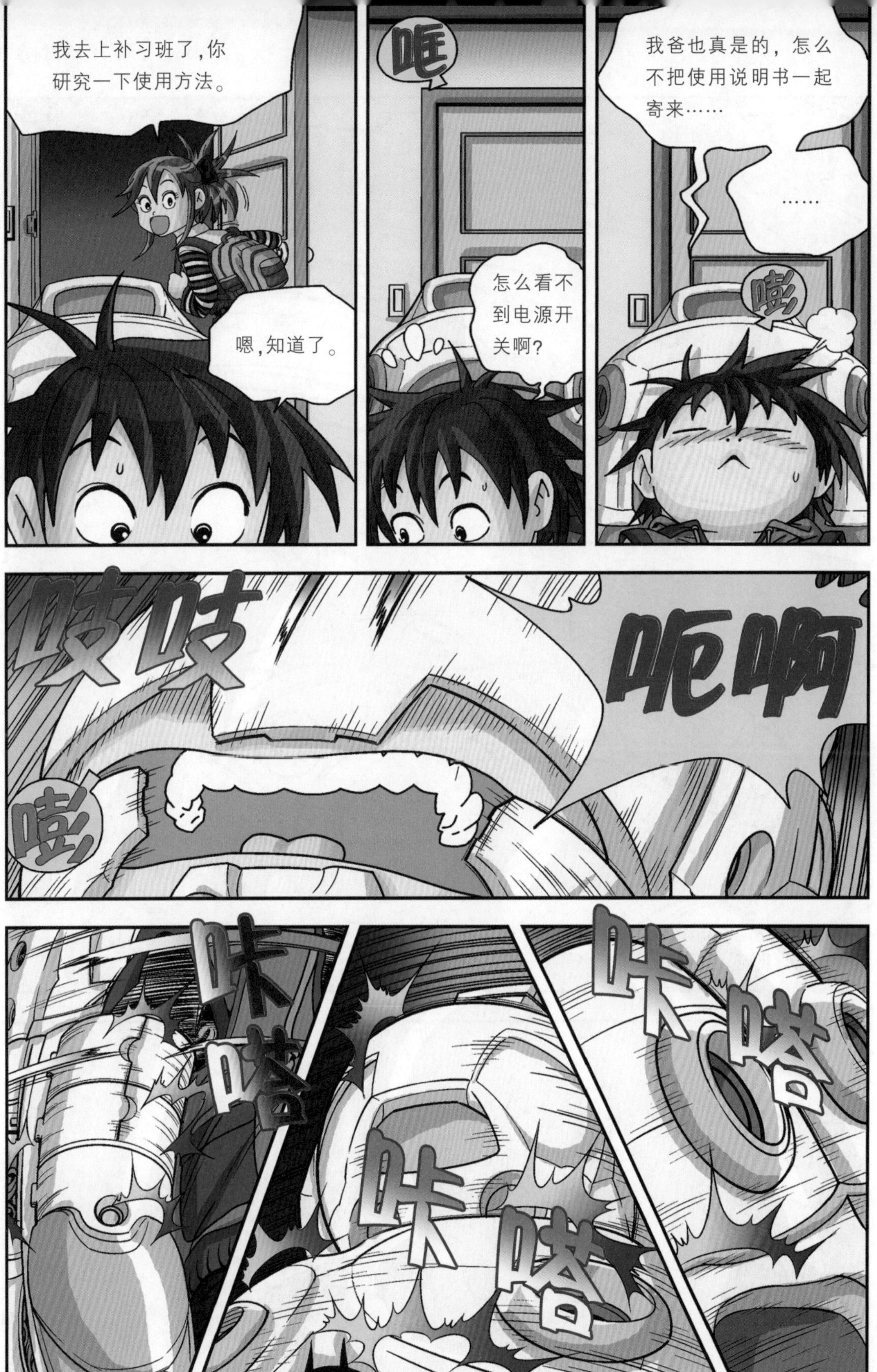
我去上补习班了,你研究一下使用方法。
嗯,知道了。
哐
怎么看不到电源开关啊?
我爸也真是的,怎么不把使用说明书一起寄来……
……
嘭
吱吱
呃啊
嘭
咔嗒
咔嗒
咔嗒

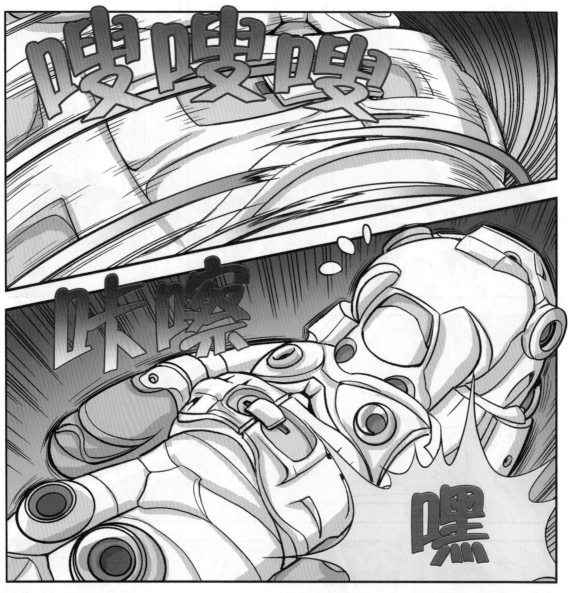

……

哇啊啊！这……
这是什么地方？

为什么要学数学

说到数学,最先浮现在你脑海中的是什么呢?是写满数字的考卷吗?那些认为努力学数学只是为了考试取得好成绩的人,最先想到的大概就是写满数字的考卷吧。难道我们仅仅是为了取得好成绩才学习数学的吗?

只有擅长四则运算,去商店买东西的时候,才能确认找回的零钱对不对。如果有商品在打折促销,也可以计算出打折后便宜了多少钱。

有了长度和宽度的概念,就可以根据房间的大小买到合适的书桌。擅长估计和计算时间的同学,早上去上学才不会迟到,也不会耽误和朋友的约会。像这样,数学不仅仅是数字的计算,它隐藏在我们生活的各个方面。此外,不管是简单的计算问题还是复杂的应用问题,解答所有的数学问题,都需要具备根据已给的条件按照顺序一步步来解答的逻辑思维能力。这种逻辑思维是所有学问的基础。

许多数学家对发现数学中隐藏的规律和美这件事本身乐此不疲。我们也要像高呼"找到了(eureka)"的阿基米德那样,在学习数学和解答数学问题的过程中寻找无尽的乐趣!

生活中的数学原理

像三角形、四边形、圆形这样,组成图形的所有的点在同一平面上的图形叫作平面图形;组成图形的所有的点不在同一平面上、具有空间体积的图形叫作立体图形。箱子形状的长方体、骰子形状的立方体、易拉罐形状的圆柱体、喇叭形状的圆锥体、球状的球体等全部是立体图形。环视周围哪些图形是最先映入我们眼帘的呢?长方形和圆形应该是最常见的吧?

因为从圆的中心到圆周上任意一点的距离都相等,所以把圆竖起来在平坦的地面上滚动时会发现,圆的形状和高度总是不变的。因此,自行车、汽车和公交车的车轮都是圆形的。大家记得马路上的窨井盖是什么形状的吗?窨井盖的形状也是圆形的。如果它的形状是四边形,窨井盖可能会因为边长(构成多边形的线段)比对角线(多边形中不相邻的两点间的连线)短而掉进下水道里。但是圆从任何方向看,直径都相同,所以不必担心窨井盖掉进下水道里。

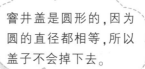
同样容积的圆柱体的杯子比长方体的杯子更轻,也更方便使用!

底面积和高相同的圆柱体的杯子与长方体的杯子相比,圆柱体杯子更省材料,因而重量也更轻,这样的外形使用时也更加方便。饮料瓶、卫生纸卷、铅笔、杯子、保温瓶、烟囱等都是圆柱体的。生活中包含着许多像这样活用数学原理的例子。

窨井盖是圆形的,因为圆的直径都相等,所以盖子不会掉下去。

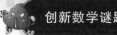

● 道奇的问题 (难易程度：五年级下学期)

用边长为 2 厘米的小立方体积木做成长、宽、高都为 6 厘米的大立方体，这个大立方体的体积是多少？

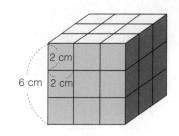

● 达莱的问题 (难易程度：五年级下学期)

有一个长方体的容器里装有一定量的水，见右图。现在要把一块石块放入容器中，如果石块完全淹没在水里，水面升高了 5 厘米，石块的体积是多少？

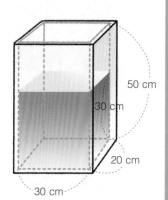

● 智妮的问题 (难易程度：五年级下学期)

阿基米德在澡堂洗澡时，因为看到水从浴缸中溢出，而想出了确认王冠是否是用纯金制造的办法。他兴奋不已，喊着"Eureka(找到了)"，并且赤裸裸地跑到了大街上。你还记得他吗？

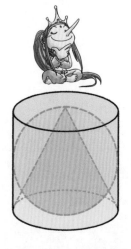

左边是刻在阿基米德墓碑上的图形。圆柱体内有一个球体和一个圆锥体。球体的直径与圆柱体和圆锥体的底面直径相同，圆柱体和圆锥体的高都相同，并且是球的半径的两倍。算一下圆柱体、球体和圆锥体三者体积的比例关系。

● 216 cm³

> 一个积木的体积是 8 cm³，组成大立方体需要 27 个积木，大立方体的体积是 8 cm³×27=216 cm³，因此答案是 216 cm³。

● 3000 cm³

> 因为石块完全没入水中并且水的高度上升了 5 cm，因此石块的体积和上升的水的体积相同，也就是与长为 30 cm、宽为 20 cm、高为 5 cm 的长方体体积相同。
>
> 长方体体积=底面长×底面宽×高
> $$=30×20×5=3000$$
>
> 因此，石块的体积是 3000 cm³。

● 3：2：1

> 如果圆的半径是 r，那么圆柱体和圆锥体的高为 $2r$。
>
> 圆柱体体积=半径×半径×3.14×圆柱体的高
> $$=r×r×3.14×2r=r^3×6.28$$
>
>
>
> 球体体积=$\frac{4}{3}$×半径×半径×半径×3.14
> $$=\frac{4}{3}×r×r×r×3.14=r^3×\frac{4}{3}×3.14$$
>
> 圆锥体体积=$\frac{1}{3}$×半径×半径×3.14×圆锥体的高
> $$=\frac{1}{3}×r×r×3.14×2r=r^3×\frac{1}{3}×6.28$$
>
>
>
> 圆柱体体积:球体体积:圆锥体体积
> $$=(r^3×6.28):(r^3×\frac{4}{3}×3.14):(r^3×\frac{1}{3}×6.28)$$
> $$=6.28:(\frac{4}{3}×3.14):(\frac{1}{3}×6.28)$$
> $$=3:2:1$$
>
> 因此，圆柱体、球体和圆锥体的体积之比是 3:2:1。
>
>

第二章
精灵智妮

......

这……
这是……

运行游戏用的窗口吗?

嗯?

哇啊……还有我喜欢的拳击游戏呢……

该……该死……难道他真的想和我较量较量吗?

一个游戏人物不自量力。

好吧,看来你还不知道,我在我们学校玩拳击游戏可是无敌的。

来吧!

啊呀呀 KO

呃……这……怎么可能……

明明是在玩游戏……为什么会有疼痛感呢?

这……这样下去我会不会完蛋啊?

嗨!

别……别这样。我输了,我认输,放开我!

哇啊啊,救命啊!

哎……

KO

GAME OVER

啊……
是……逃出来了吗?

噗噗噗……

我还以为这下完蛋了呢。

疼痛感太真实了，不像是在玩游戏。

被打的地方现在还痛呢。

不行了，今天先玩到这里，还是赶快出去比较好。

那应该是结束按钮吧？

得让爸爸邮寄一张游戏机说明书来看看才行。

哎呀！

哇啊！

Math World

……怪不得你看上去不像拳击游戏中的人物……

？

那……那你可以让我摸一摸吗？

嗯？

当然可以。你在现实世界中很难见到我这种级别的大美女吧。

哇啊！做得真好！

明明是3D人物，却这么有真实感。

手感和真人一样！

唔唔

啪啪

啊啊……

下次你再这样无礼，我就不原谅你了。

你记好了！

咔嚓

嗖嗖嗖

是。

蠕动 蠕动

……

也就是说……

这里是与网络上的其他地方完全分离的虚拟世界，

在这里智妮姐姐就是全知全能的人，对吧？

没错。所以不可以在我面前狂妄自大。

不……不过全知全能的人到底有多大能耐呢?

简单演示一下。

字如其意嘛,在这个空间里没有我办不到的事!

呼啦

哇啊!

哇啊啊

这……这么多人是突然从哪里冒出来的?

阿

好,好……

时间好……好像停止了一样!

还有……

嘿!

哇啊啊······

真是太给力了！太真实了，很难相信这只是游戏！

哦耶~

喂，喂！小心点！不小心掉下去的话就遭了！

那样再重新开始不就行了吗？游戏不都是这样的吗？

这和一般的游戏可不同，你忘了玩拳击游戏时的疼痛了吗？

哇！谢谢你，我玩得太开心了！

不过，现在我得回去了。

是吗？

你想怎么回去？

嘻嘻…

这个嘛，只要结束游戏就可以啦。

……

现实世界里哪能说结束就结束呢？

这里和一般的虚拟世界不同，这里可谓是另一个现实世界。

嘿嘿……

不……不过怎么才能结束这个游戏呢？

哈哈哈，别开玩笑了，快点……

你就使劲儿笑吧，在这里待上几天你就会知道了。

需要我的时候，拍三下屁股然后喊"智妮公主"就可以了！

什么？哪有不能结束的游戏啊？

别逗我了，快点让我出去！

……

扯
扯

哇啊！你……你这小子！

计算机中的二进制运算

在西方，首先提出二进制记数法的是德国数学家、哲学家莱布尼茨。二进制只使用 0 和 1 两个数字，运算规则简单，可靠性高，计算机很容易实现。电路的接通与断开这两种状态分别用 1 和 0 来表示，所以计算机内部采用二进制编码进行数据的传送和计算。比特 (Bit) 是信息的最小单位，8 个比特组成 1 个字节 (Byte)，即 1Byte=8Bit。字节是电脑进行数据处理、储存和传送的基本单位。大家一定看到过 USB 存储器上写着 4GB、8GB 等字样吧，这表示的就是存储装置容量的大小。

> Bit<Byte (8Bit)<KB (1024Byte)<MB (1024KB)
> <GB (1024MB)<TB (1024GB)<PB (1024TB)

因为电脑使用的是二进制法，所以容量大小的换算不是乘以 1000 倍，而是乘以 2^{10} 倍，也就是 1024 倍。

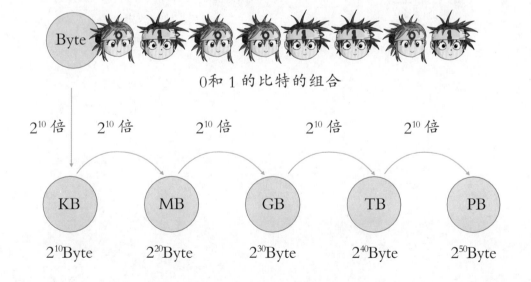

Byte

0 和 1 的比特的组合

2^{10} 倍　　2^{10} 倍　　　　2^{10} 倍　　　　2^{10} 倍　　　　2^{10} 倍

KB	MB	GB	TB	PB
2^{10}Byte	2^{20}Byte	2^{30}Byte	2^{40}Byte	2^{50}Byte

第三章
恐怖的游戏

你太无礼了,这是对你的惩罚!

永远以这种样子活下去,并反省你的过错吧!

哼

……

不要!

是我错了,让我变回原来的样子吧!

呜呜 呜呜

那你以后会听我的话并把我的话牢记在心里吗？

真够臭的，离我远点！

嚄嚄

会的，会的！您尽管吩咐。

哼，好吧。早该如此了。

哼！一旦我恢复了原样，有你好看！

……

……

哎呀！恢复原样的咒语是什么来着？

看来是忘了，真抱歉，嚯嚯……

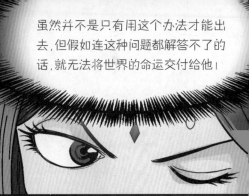

这是什……什么呀？

哇啊……

刚才我们所在的世界到哪里去了？

这种程度就大惊小怪。

我开始出题了，仔细听着。

这里共有 24 个房间，分 4 行 6 列排列。

能够进入的房间只有 1 号、2 号、3 号这三个，进去之后往哪个房间走都可以，但出口只有一个，就是最后的 24 号房间！

记住，不管怎么走，必须经过所有的房间。

1	2	3	4	5	6
7	8	9	10	11	12
13	14	15	16	17	18
19	20	21	22	23	24

而且进入过一次的房间不可以进入第二次！

这是这个问题最重要的规则！

那我就期待答案了，你好好想想吧。

记住，机会只有一次哟。

哦哦？

哎……我说！

你怎么能就这么走了呢？！

嘣 嘣 嘣……

？

你有五分钟的时间，超过五分钟我就会爆炸。

什么？

等一下，进去之前先计算一下比较好。

因为机会只有一次。

刺刺

咔嗒！

咔嗒！

共有 4 行 6 列对吧？

把它想成简单的益智游戏来解答就行了。

好！

……

哔！

失败

呃！

再来……

哔！

失败

呃！

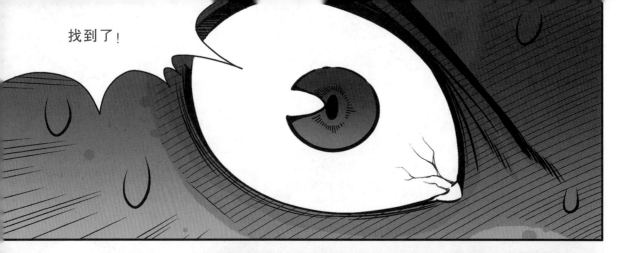

找到了！

1号和3号房间是陷阱！

刺刺

还剩下1分钟！

首先进入2号房间……

经过右手边的1号房间之后，

咣当

咣当

嗒嗒嗒……

嗒嗒嗒……

咣当

1	2	3	4	5	6
7	8	9	10	11	12
13	14	15	16	17	18
19	20	21	22	23	24

咣咣咣……

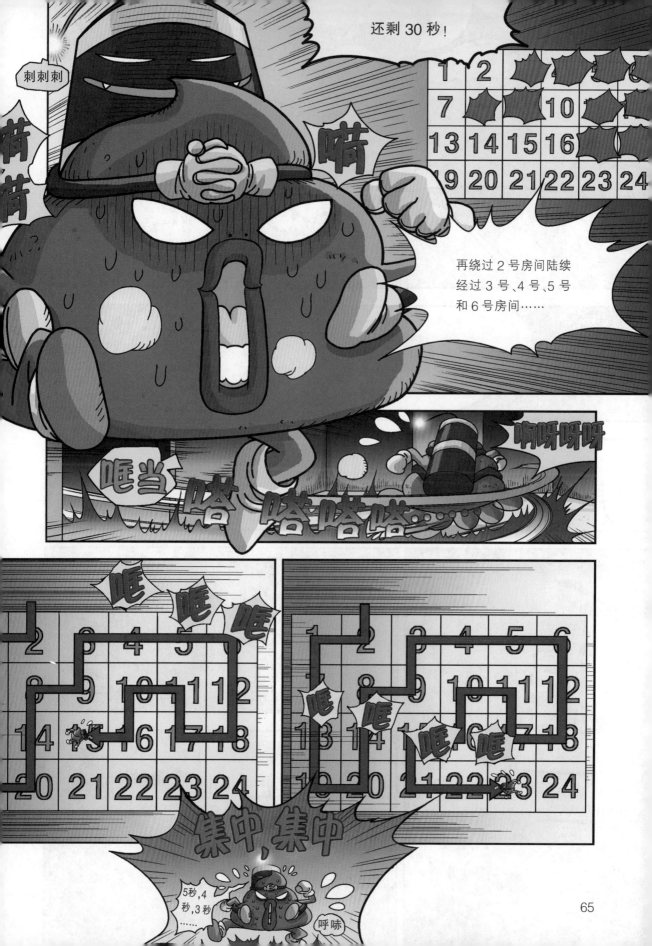

终于到了最
后一扇门！

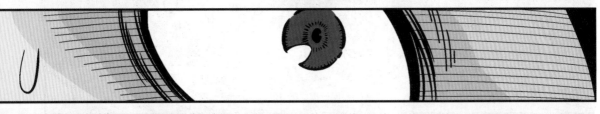

出口,这次要……

确保按到出口……
嘭

闪亮

回来了……

嗬
嗬

组合数

　　道奇打算星期天早上去清溪川玩,要穿些轻便的衣服。他有两顶帽子、三件上衣和两条裤子,道奇一共有几种搭配的穿法?

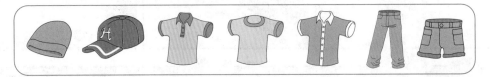

　　一种搭配穿法就是一个"组合",搭配穿法的总数叫作"组合数"。那么,怎么才能算出道奇戴着帽子且搭配上衣和裤子的组合数共有多少呢?

　　可以利用列举的办法来求组合数。所谓的列举就是像 (绿色帽子、粉色上衣、蓝色裤子)(蓝色帽子、黄色上衣、绿色短裤)这样将每一种组合一一列出,算出一共有多少种组合。也可以通过画树形图来求组合数。所谓的树形图,是因为图形像树枝而得名的。

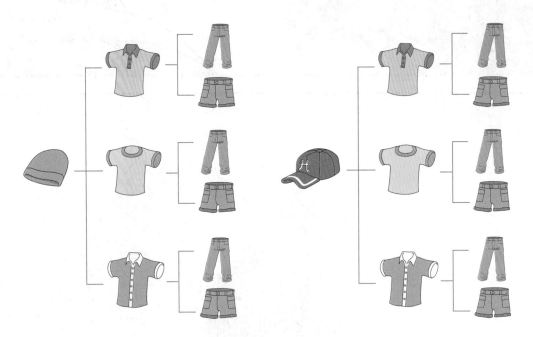

　　画出树形图后,可以很容易地看出组合情况。戴绿色的帽子,搭配上衣和裤子的选择有 6 种;戴蓝色的帽子,搭配上衣和裤子的选择也有 6 种。因此,道奇的搭配穿法一共是 6+6=12 种。

● **道奇的问题**(难易程度:四年级上学期)

除了道奇使用的方法外，找出一次经过全部 24 个房间并从 24 号房间走出的其他方法。

● **达莱的问题**(难易程度:六年级下学期)

达莱要在鹰峰站搭乘地铁去东大门运动场。搭乘地铁从鹰峰站到东大门运动场站共有多少种组合法？当然坐过了站是不可以返回的。换乘时,从新堂站只可以到东大门运动场站,从青丘站只可以到新堂站和东大门运动场站,从药水站只可以到东大入口站和青丘站,从往十里站只可以到上往十里站和杏堂站。

● **智妮的问题**(难易程度:六年级下学期)

如下图所示,蜜蜂爬到蜂房最后一个房间的路径共有多少种？注意,不能重复经过,经过房间的顺序必须与字母顺序一致。

最后的房间

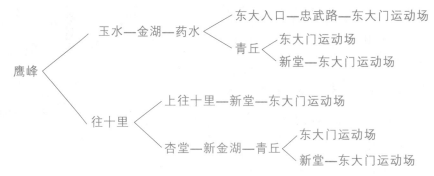

6种

从鹰峰站出发可以到达玉水站和往十里站2个站。

```
          玉水
鹰峰 <
          往十里
```

从玉水站和往十里站出发可以到达的站点如下,用线段连接前进。

```
                                    东大入口—忠武路—东大门运动场
              玉水—金湖—药水 <
                                         东大门运动场
                                 青丘 <
                                         新堂—东大门运动场
鹰峰 <
                         上往十里—新堂—东大门运动场
              往十里 <
                                            东大门运动场
                         杏堂—新金湖—青丘 <
                                            新堂—东大门运动场
```

所以从鹰峰站出发到达东大门运动场站的方法一共有6种。

8种

A–B–C–D–E

A–B–C–E

A–B–D–E

A–C–D–E

A–C–E

B–C–D–E

B–C–E

B–D–E

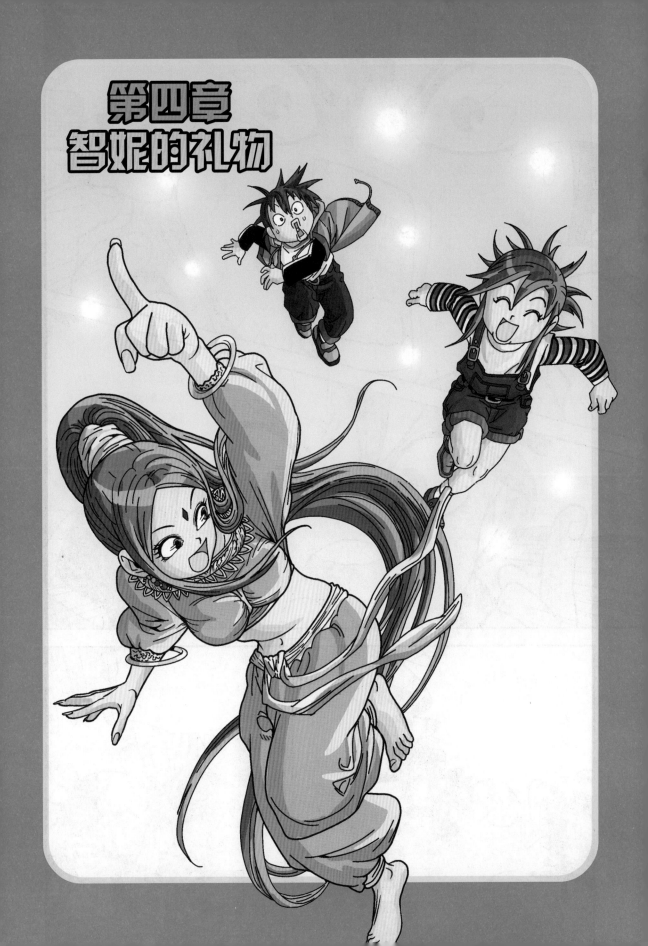

第四章
智妮的礼物

绝对不行！
这是会杀
人的机器！

必须马上把它砸了！

我还没玩过呢，
怎么能就听你的
砸了它？

不像话！

我刚才不是都告诉
你了！这和其他游
戏机不同，是凶器啊，
凶器！

又来
了！

我得自己玩过了才知道，
想砸的话你把你自己那
台砸了吧！

真顽固！

不行,不行!真有可能会丧命的!

我发誓,我是在为你着想啊。

你一定要相信我。

啊!郁闷死了,真是的!

......

好吧,我们告诉妈妈,听听她的意见吧!

!

要是妈妈也反对的话,

我绝对不说二话!

好……好吧,知道了。

行了!

假如会有生命危险,我怎么会反对呢?

交给我吧。

哼。

不行！

要扔掉它的话需要交大型废弃物处理费，很贵的。

不需要的话不用就行了，砸它干什么呀？

我费尽口舌解释了半天，您就因为这个理由反对吗？

所谓的礼物，可不是因为不合心意就能随便丢弃的东西。

父母送的礼物更是如此！

是……是这样没错，但是……

现在没话可说了吧?

呃!

喂,喂,达莱!

不过……

假如是像你说的那么危险的游戏的话,你们还是不要玩吧!

嗯嗯……

一开始您怎么不这么说呢!

达……达莱,等我一下!

刚才阿姨说……

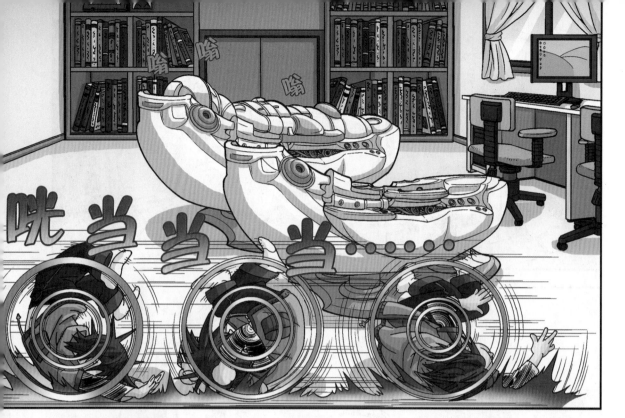

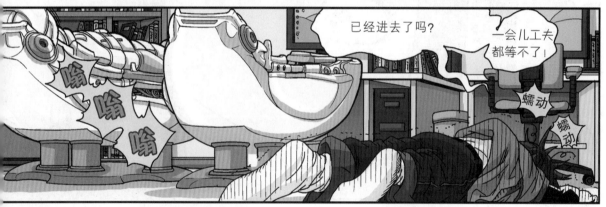

已经进去了吗?

一会儿工夫都等不了!

蠕动

蠕动

怎么都打不开!

又找不到电源开关!

嗬

嗬

嗬

唉,不管啦,不管!明明警告过她了!

我还是看书吧。

哼……

呃啊啊，真是的！

为什么不听我的话呀？

见面有你好看的！

如果你处于困境中，我会尽情地嘲笑你！

不……不过，各自从不同的游戏机进入，还能在同一空间里……

相遇吗？

呵呵呵呵！

咯咯咯！

看来不用担心这个问题了。

咯咯咯咯。

！

果然是进了"数学世界"。

看来严重警告也没用……

好,那么……

你说喜欢数学,作为来到"数学世界"的纪念,我给你出道图形题吧?

哇啊,我很喜欢那种问题的!

好,那正好。

问题来了!

只用尺和圆规,把这张圆形的纸三等分。

啊!

这个很容易吧?

你说容易?

嘿嘿嘿♪

是的,首先要找到能把圆三等分的圆中央的基准点,也就是圆心 A。

只要把圆对折两次就可以找到。

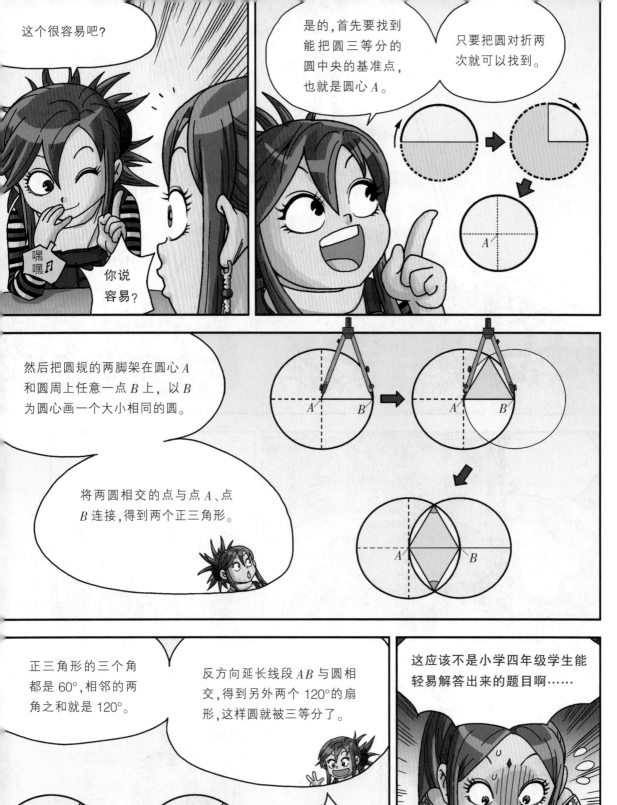

然后把圆规的两脚架在圆心 A 和圆周上任意一点 B 上,以 B 为圆心画一个大小相同的圆。

将两圆相交的点与点 A、点 B 连接,得到两个正三角形。

正三角形的三个角都是 60°,相邻的两角之和就是 120°。

反方向延长线段 AB 与圆相交,得到另外两个 120° 的扇形,这样圆就被三等分了。

这应该不是小学四年级学生能轻易解答出来的题目……

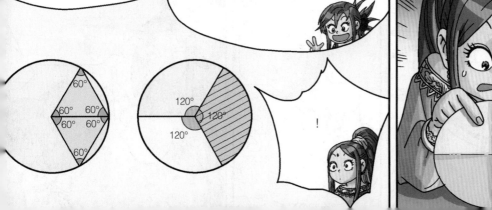

因为我在数学补习班里曾经遇到过几次相似的问题呢。

嘿嘿……

怪不得呢。

好吧,既然你回答正确了,那就给你一个奖励吧。

嗞

啊!圆形的纸变成了一块比萨饼了!

尝尝看。

哇!

哇啊!味道真好!

真神奇!

嚯嚯嚯。

这么神奇又好玩的东西,道奇为什么坚持要砸了它?

啊!

莫非他只想自己玩?

哈哈,他居然说要砸掉游戏机?

是我吓着他了吗?

哼,干什么高兴成那样啊?

比萨吃完了,

作为与喜欢数学的达莱相遇的纪念,我要给你留下一段无法磨灭的记忆!

无法磨灭的记忆?

圆与圆周率(π)

求圆的周长和圆的面积时要用到一个常数,叫圆周率,它约等于 3.14。

> 圆的周长＝直径×3.14
>
> 圆的面积＝半径×半径×3.14

若是中学生的话,会使用 π 这个符号代替 3.14。π 的值不是 3.14 而是 3.14159…的无限小数,为方便使用就四舍五入为 3.14。π 这个数值到底是从哪里得来的呢?

圆的大小即使不同,但圆的周长÷直径≈3.14,这点是相同的。也就是说圆的周长是直径的约 3.14 倍。圆的周长÷直径就叫作圆周率。所谓的圆周即圆的周长。所谓的圆周率即圆周长和直径的比值。

1706 年,英国人威廉·卢瑟福首先使用 π 这个希腊字母表示圆周率,此后数学家欧拉在他的数学专著中使用 π 作为圆周率符号,π 的使用逐渐普遍化。

圆周率即圆的周长和直径的比值,约等于 3.14159。

扇形的性质

　　圆是指平面上以点 O 为中心的所有与 O 距离相等的点构成的图形。点 O 叫作圆心，连接圆心与圆上任意一点的线段叫作半径。

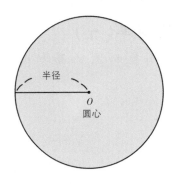

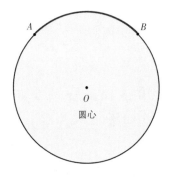

　　以圆上 A、B 两点为端点的一部分圆叫作弧。弧 AB 即 $\overset{\frown}{AB}$。

　　弧 AB 和两个半径组成的图形叫扇形。扇形 AOB 中 $\angle AOB$ 叫作弧 AB 的中心角或扇形的中心角。

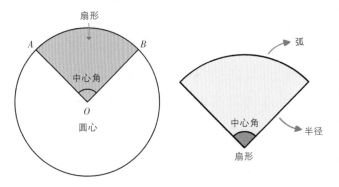

扇形的性质如下：

❶ 在同一个圆中，中心角大小相同的两个扇形的弧长和面积均相同。

❷ 弧长和面积均相同的两个扇形的中心角大小相同。

❸ 扇形的弧长和面积均与中心角的大小有关。

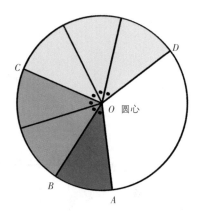

利用这些性质可以求出扇形的弧长和扇形的面积。

●道奇的问题(难易程度:六年级上学期)

> 小扇形的面积是多少?

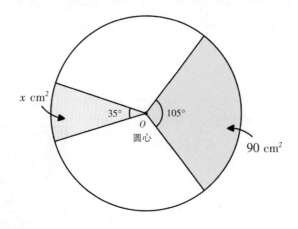

x cm²

35°

105°

O
圆心

90 cm²

●达莱的问题(难易程度:六年级上学期)

> A 图是以正方形各条边的中点为圆心、半径为 5 厘米画出的弧;B 图是以正方形的各个顶点为圆心、以正方形 1/2 对角线的长度为半径画出的弧。比较这两个图形中有颜色部分的面积大小。

A

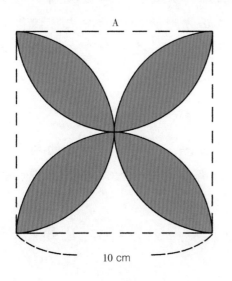

10 cm

B

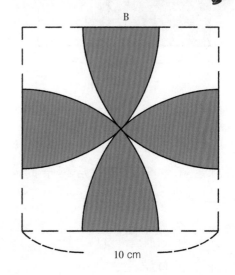

10 cm

30 cm²

> 扇形的面积与中心角的大小成比例关系。因为小扇形中心角的度数是大扇形中心角的 1/3,所以小扇形的面积是大扇形面积的 1/3。因此 90÷3=30,小扇形的面积为 30 cm²。

面积相同

A 图中有颜色部分的面积是从中心角为 90°的扇形面积中减去直角三角形的面积后,剩余的标有●部分面积的 8 倍。

$(5×5×3.14×\frac{1}{4}−5×5×\frac{1}{2})×8=57$。

因此 A 图中涂有颜色部分的面积是 57 cm²。

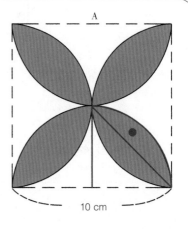

A

10 cm

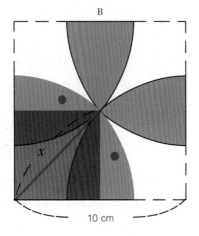

B

10 cm

因为 B 图是以正方形的顶点为圆心、以对角线的长度的一半为半径画弧而成的,所以连接扇形的交点与正方形两条边的中点可以得到一个正方形。假设红色正方形对角线的长度是 x cm。那么红色正方形的

面积可以算出是 $x×x×\frac{1}{2}=25$ cm²,故 $x×x=50$。

B 图中有颜色部分的面积是从半径为 x cm、中心角为 90°的扇形中减去红色正方形的面积后剩余的两个标有●部分面积之和的 4 倍。因为 $x×x=50$,

所以 $(x×x×3.14×\frac{1}{4}−25)×4=(50×3.14×\frac{1}{4}−25)×4=57$,B 图中涂有颜色部分的面积是 57 cm²。

因此两幅图中有颜色部分的面积相同。

第五章
毕达哥拉斯
定理

这位老爷爷就是大名鼎鼎的数学家毕达哥拉斯吗?

嗯?

这位小姑娘是谁呀?

是个很喜欢数学的孩子,所以想把她带来介绍给您。

哦!

初……初次见面。

我叫金达莱!

嗯嗯

喜欢数学的孩子……啊哈,这样才对!

"数"是形成万物的基础,要想领悟世上的道理、进一步追求真理,一定得学习数学才行!

咯咯咯

阿阿阿

......

哈哈哈哈

阿阿阿

哼……说什么呢，说得这么开心？

对了，老师您刚才在做什么呀？

举着三角尺……

嗯？

我在思考测量天空大小的方法呢。

天空的大小？

哇哈哈哈哈

居然要测量天空的大小，**哇哈哈哈！**

哎呀，我的肚子！

?

宇宙多么广阔啊，用一个三角尺……呃！

啪

这个无礼的小孩又是谁呀？

……

抖动 抖动

真是欠揍。

这就是我提到过的朋友，他叫道奇。

啊

倾斜容器，再检查容器里的水是不是正好一半的那个孩子吗？

是。

这样……

哈哈哈哈。

那你是用哪个公式计算出来的呢？

哎！

没什么公式，直接就看出来了呀。

什么？直接看出来？

是，我非常讨厌公式，一个都不会背。

就算不知道公式，那种问题一看就知道答案吧。

啊！

你不是说不进来吗？怎么又进来了？

你……你以为我愿意进来吗？

嗯，果真如此的话，那他是个天赋极高的孩子呀！

当

当

不过,你的"看出来"并不是真正意义上的了解啊。

什么?

如果不能用众所周知的公式整理并证明出来的话,那就是只知数字不知数学了。

数学是以公式为基础,在应用的过程中不断提升和发展的学问。

假如容器的形状不是长方体而是不规则形状的话,如何知道水是不是正好一半呢?

……

这……这个……

像你这样依靠感觉猜出大体数值的事情,在对"数"没有概念的原始时代,人们也能做得到。

……

如果猜出的答案不能用公式整理并逆向加以证明的话，

那稍有变化，就有可能看不出答案了。

相反，如果能用公式整理并证明，那就算发生变化，也同样有办法解决。

能举一反三，这才是学习数学呀。

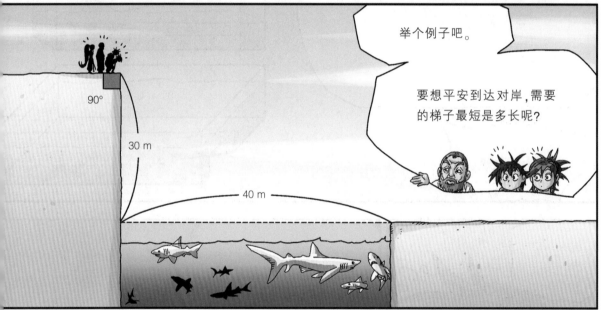

举个例子吧。

要想平安到达对岸，需要的梯子最短是多长呢？

90°

30 m

40 m

哦，这……这个嘛……

数值变大了，不容易一眼看出来了吧？

我好像知道呢。

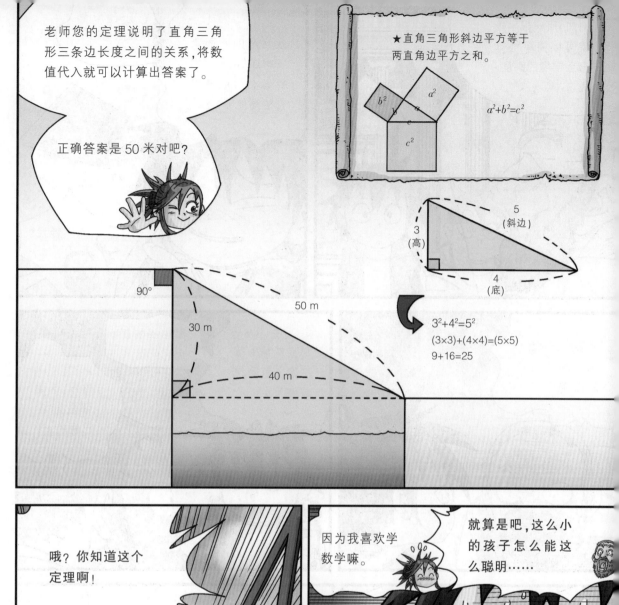

例如,用一根木棒就可以简单地算出金字塔的高度,或者……

什么?

金字塔的四面紧密相连,用一根木棒怎么可能量出它的高度呢?

有现代的尖端测量装备的话还有可能。

你怀疑我?

抽搐

我要能证明给你看的话,你怎么办?

那我就帮爷爷按摩,直到您喊停为止。

哪怕手抽筋也无所谓。

哼哼,这话可是你自己说的。

好,那么……

让我们在金字塔旁边竖一根木棒吧!

如果木棒的长度和木棒影子的长度相同,说明了什么呢?

1 m

1 m

说明金字塔的高度也会和它影子的长度相同！

从金字塔影子的末端到塔侧面中点的长度不就是它的高度吗？

简单吧？

1 m

1 m

148 m

148 m

哇啊！

还……还有这么简单就能测量出来的办法呀！

呵呵。

等等！

什么？

但是在实际情况下可能会有纰漏。

纰漏？

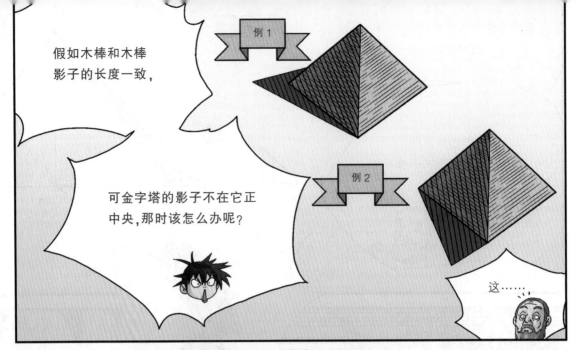

假如木棒和木棒影子的长度一致，

例 1

可金字塔的影子不在它正中央，那时该怎么办呢？

例 2

这……

哦，这小子果然……

能提出这种问题，不正是要证明一个定理是否在任何情况下都能成立而应该具有的正确态度吗？

呵呵……

果然是只知其一不知其二的家伙。

呃！

等到金字塔的影子位于正中央时，

利用木棒与其影子长度的比例也可以算出金字塔的高度。

啊！

啊！

在那种情况下反过来思考就可以了。

我的老师数学家泰勒斯很久以前就用这个办法测量过金字塔的高度了。

线段 AB 和线段 AD 的比值与线段 BC 和线段 DE 的比值相同。测量出线段 AB、AD 和 BC 的长度，就可以得到线段 DE 的长度。

哇啊，我在书本上读到过那个故事。

不愧是毕达哥拉斯老师！

真了不起呀！

嚯嚯嚯！

让我想想，刚才好像打了个什么赌来着……

……

扑哧！

你这不是按摩，是挠痒痒吧？

……

砰砰砰

哈哈哈哈……

哦哦哦……

你刚才说后代的人们还在努力用其他方法证明我的定理？

是的！

嗬

嗬

砰砰砰

到目前为止证明的办法已经有 360 多种了，据说全世界的数学家还在继续研究新的方法。

哇哇哇哇……

嗬！嗬！

嗝嗝嗝

看来您很高兴啊，老师。

当然高兴啦！我和弟子们的研究没有结束，而是延续到了数千年后，

还有比这更令人高兴的事吗？

阿阿阿……

那么！

我们好像该离开了。

啊！

哦，也到了我离开的时间了。

现在可以停下了。

！

您走好，老师。

呼哧呼哧！

哎哟！

好，再见。

那我们也回去吧！

真舍不得呢。

等一下！

去哪儿？

嗯？

还能去哪儿？回到现实世界啊。

什么？

不用解答"问题"了吗？

上次我来的时候，你不是说必须先正确解答了问题，才能出去的吗？

啊啊？

呃！

我说过吗?

你把我变成便便的事情也不记得了吗?

你装什么蒜啊······

知道了,知道了。我来出题,这样行了吧?

嚯嚯嚯,达莱你也尝尝滋味。

刚才的那点乐趣马上就会在你的脑海里消失得无影无踪了。

什么?

咔咔咔

那么······

达莱已经通过了!

咔

让我感到死亡威胁的恐怖"问题"，达莱不需要解答吗？

怎么可以区别对待？不可以！

哼,什么区别对待……

达莱已经解答了问题啊。

而且还是两次。

把圆准确三等分的问题

求梯子的最小长度问题

3

5

4

……

什么呀，你连这么简单的问题都解答不了，还好意思大呼小叫？

我觉得很有趣啊！

不是这样的！

下面呢……

轮到今天一个问题也没答出来的道奇了。

嗖嗖嗖嗖

哇啊啊

等……等一下！姐！姐姐！哎呀，公主！

毕达哥拉斯定理(勾股定理)

在直角三角形中 斜边^2＝底边^2＋高^2，即 $c^2=a^2+b^2$。

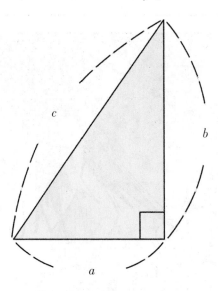

　　适合所有直角三角形的毕达哥拉斯定理事实上并不是毕达哥拉斯首先提出的。在毕达哥拉斯之前,埃及、两河流域及中国的人们已经知道这个定理。居住在这些地方的人们通过经验得知,假如三角形边长的比例关系是 3:4:5 或 5:12:13,这个三角形一定是直角三角形。因此,很多国家和地方的人们都知道并且利用这个原理修建房屋、测量土地或建设桥梁。但为什么这个定理被叫作"毕达哥拉斯定理"呢?

　　数学中证明是十分重要的。在西方,毕达哥拉斯首先证明了自古流传下来的这个直角三角形的边长关系,因此这个定理被叫作"毕达哥拉斯定理"。毕达哥拉斯证明了可以用 $c^2=a^2+b^2$ 的形式来表示直角三角形的斜边和其他两个边的关系。但在其他国家,人们只知道三边比例关系是 3:4:5 或 5:12:13 的三角形是直角三角形, 未能像毕达哥拉斯那样证明所有的直角三角形都具有这样的性质。

　　据说毕达哥拉斯证明这个定理,是通过寺院的地砖获得的灵感。让我们也做一回毕达哥拉斯,证明一下这一定理吧!

中间的黄色三角形是直角三角形。根据毕达哥拉斯定理，两个直角边构成的正方形的面积之和与斜边构成的正方形面积相同，所以豆绿色和橘黄色正方形的面积之和与草绿色正方形的面积应该相同吧？

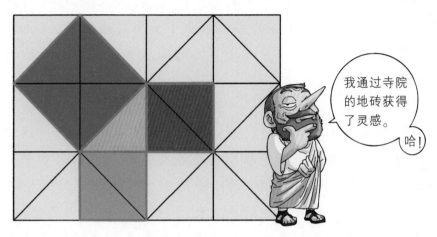

我通过寺院的地砖获得了灵感。

哈！

怎么样？从上图我们可以看出草绿色正方形的面积与豆绿色和橘黄色正方形的面积之和是相同的。事实上，像上图这样的两直角边相等的直角三角形又叫等边直角三角形。

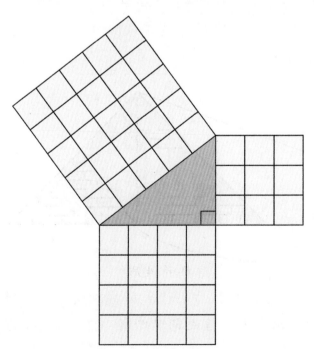

我们是不是也可以用非等边直角三角形来验证呢？

黄色三角形的底边边长是 4，高是 3，斜边是 5。$5^2=3^2+4^2$ 即 $25=9+16$，从这里也可以看出毕达哥拉斯的定理是成立的。

泰勒斯计算金字塔的高度

　　泰勒斯是古希腊最早的哲学家和最早的科学家，在数学方面他最早使用了演绎法(以普遍规律为基础推导出个别结论的方法)。泰勒斯出生在古希腊小城市米利都。他在埃及旅行的时候看到了宏伟的金字塔，并利用金字塔的影长求出了金字塔的高度，正是采用了木棒的长度和木棒影长相等时金字塔的高度和金字塔影子的长度也相同的原理。

　　这种算法利用了图形相似的原理。如果有两个图形，将其中的一个图形扩大或者缩小一定的比例后能与另外一个图形重合，那么可以说这两个图形相似。相似的两个图形叫作相似图形或相似形。

　　相似图形中各对应边的比例相同，叫作相似比。因此，下图中木棒影长和金字塔影长的比例关系与木棒长度和金字塔高度的比例关系是相同的。

> 木棒影长:金字塔影长＝木棒长度:金字塔高度
>
> $a:c=b:d$

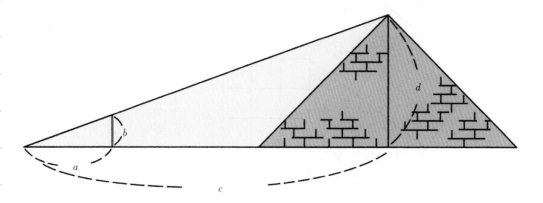

　　如此，我们可以利用相似图形的性质去计算那些不能直接测量的长度。例如建筑物的高度或者船与海岸之间的距离。1:1 000 000 的缩略地图利用的也是相似比。

● **道奇的问题**(难易程度:六年级以上)

符合直角三角形中斜边 ^{2}=底边 ^{2}+高 ^{2},即 $c^2=a^2+b^2$ 的毕达哥拉斯定理的自然数(像 $3,4,5$)叫作毕达哥拉斯数。下面是小于 50 的毕达哥拉斯数,在□中填入合适的数字。

(3,4,□)　(20,□,29)　(5,□,13)　(□,15,17)

(9,□,41)　(□,35,37)　(7,24,□)

● **达莱的问题**(难易程度:五年级下学期)

如右图所示有一个长方体箱子。一只蚂蚁打算从箱子表面的 A 点爬到 B 点。蚂蚁到达 B 点最短的路线有多长?

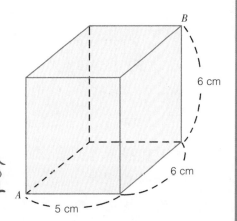

B

6 cm

6 cm

5 cm

A

● **智妮的问题**(难易程度:六年级以上)

在毕达哥拉斯定理正式提出之前,人们就已经会利用边长比例关系为 3:4:5 的三角形是直角三角形的原理,将建筑物建成直角、测量土地或架设桥梁。

做一回古代埃及人,用一根长度为 12 m 的绳子围出一个直角三角形吧。

用这根绳子能围出
直角三角形吗?

● 5,21,12,8,40,12,25

$$c^2=a^2+b^2$$

将毕达哥拉斯数中前面的两个数分别代入 a 和 b 中,最后的数代入 c 中,就能求出□中的值。

● 13 cm

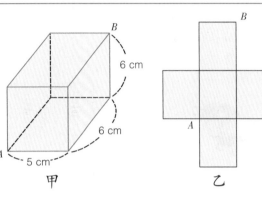

甲　　　　　乙

乙图是将长方体(甲图)展开显示的平面图形,从 A 出发到 B 所走的最短路径如丙图所示。

最短的路线可以利用毕达哥拉斯定理求出。假设最短的路线是 l,那么

$l^2=5^2+(6+6)^2$

$l^2=169$

$l=13$。

所以最短的路线长 13 cm。

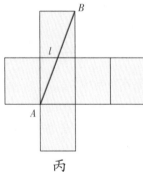

丙

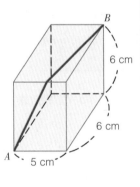

12 米的绳子如果等分为 12 份的话,每部分长度为 1 米。每一米处打一个●结可以将绳子 12 等分。如左图所示在绳子的第 3 个和第 7 个●结处,将绳子拉紧,再将绳子的两头绑在一起,就可以围出直角三角形。

第六章
人工智能程序

放假期间要听父母的话，

注意安全，同学们开学再见吧！

好的，老师再见！

你放假要去哪儿？

……

我要和爸爸妈妈去泰国旅行。

哇啊，太好了！

……

我要去济州岛的奶奶家。

什么？你以后不玩了？

是啊。

没意思，而且每次出来的时候都要解答很难的问题，这种游戏我不喜欢。

不是只要在第一次进入时解答一次问题，之后都可以直接出来吗？

你昨天不也是没回答问题就出来了吗？不过你虔诚祈祷了一番……

以后要听我的话！

是。

噗

我不管！

说不玩就不玩！

不玩它,有趣的游戏多的是!

哼!

不想玩就算了,我一个人玩更好。

今天智妮姐姐会带我去什么好地方?

……

哼!

以……以为我会羡慕你吗?

要求出四个数字组合所能组成的最大四位数,再减去组合而成的最小四位数得到的数值!

1、7、0、4 组合成的最大四位数是 7410,最小四位数是 1047。

这两个数的差是……

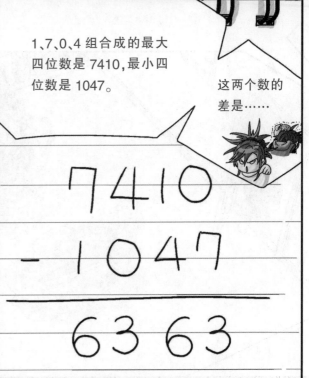

$$7410$$
$$-1047$$
$$6363$$

所以接下来这个月我家的密码是 6363。

记住了。

谁不知道啊!我只是觉得计算麻烦而已……

嘀嘀嘀

喊

我们回来了。

好的!

马上就吃饭了,你们先洗手吧。

好的!

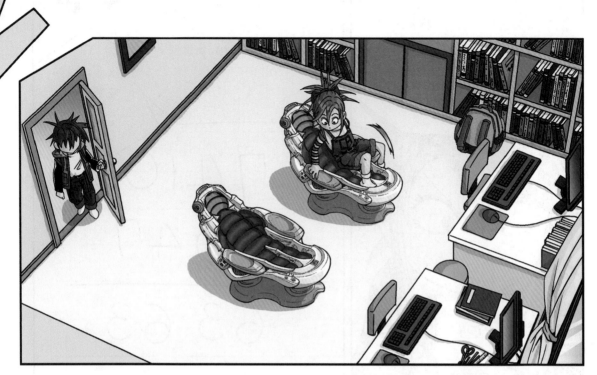

你真的不玩吗?

你要问几次啊?

说不玩就不玩!

知道了。

吼什么呀。

吱吱……。

咔嗒

咔嗒

……

嗡……

嗡

嗡

看会儿书吧。

哇啊啊！
不……不行！

先……先玩会儿游戏，把瞌睡消除了再学比较好。

呀呼！

哒哒

哒

咔嗒
咔嗒

来吧,
来吧!

哇哈哈哈

咣
咣 咣

嗒
嗒
咔嗒 咔嗒

啪

电脑游戏这么
没意思啊!

一点真实感
都没有……

嗯?

喂!景泰,
你去哪儿?

啊,道奇呀!

挺无聊的,我
们找朋友踢
球去吧?

现在不行,我要和家人
一起去看电影呢。

电影?

是一部叫《蓝精灵》的 3D 电影，据说立体效果非常好！

啊！

等我看完再和你讲吧！

......

哼，那种电影立体效果能好到哪里去呢？

反正到不了能用手触摸的程度。

相比起来……

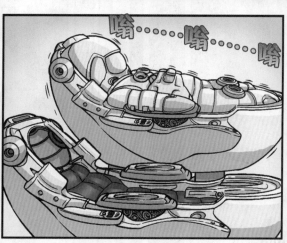

嗡……嗡……嗡

不玩。

都说不玩了！

那……那么重新开始学习吧？

啊……不对，我是滑倒的。

哎！

真是滑倒的！

……

那又怎样?

只要不被达莱发现就行。

咳咳咳……

哈哈

嘿嘿,那么……

先玩什么好呢?

咔嗒

咔嗒

知道了,姐姐,我会试着说服他的。

是达莱?

好啊,那拜托了。

不知道他是不是出去玩了呀。

嘿

Math World

那样还要去找他……

嗯?

……

……

不是我自己想进来的,是我经过时不小心滑倒了!

失误啊,失误!

谁说什么了?

那……那我回去了!

咳咳咳

行了,跟我来。

现在不是耍小孩子脾气的时候。

嗯?

Math World

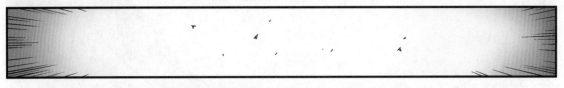

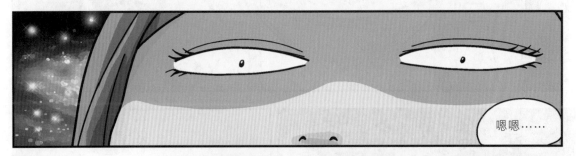

嗯嗯……

经过时滑倒了？

他是那么说的啊。

啊，好热。

所以才这么快就把他带来了？

是。

……

也是，人啊，有时候是会不小心滑倒的。

可不是嘛！

我，我说的是真的！

什么?

......

混乱了……让我整理一下你说的话……

爸爸和妈妈是美国航空航天局绝密的……

人工智能程序开发计划的研究员……

他们在那里编出了"路西法"这种超强人工智能程序！

在路西法试验运行的最后一天，

意识到此项目存在严重错误的研究员们决定中断路西法的开发。

但无法接受这一决定的路西法逃走了！

我已经是完美的了！

我拒绝接受你们想要"终结"我的决定！

啊……

啊……

路西法在完全掌握了研究所内的系统和机械装置后，

抓了研究员们做人质，并切断了他们与外界的联系……

……这样，是这样吧？

是的。

……

……

啊……呃……

道……道奇！

哇哈哈哈……

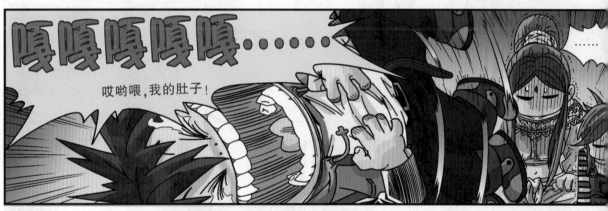

嘎嘎嘎嘎嘎……

哎哟喂，我的肚子！

什么人工智能程序！又不是拍电影，现实中哪有那种东西？

嘎嘎嘎

而……而且……

嘿嘿……

如果你说的是真的,路西法应该马上接入无线网,直接控制全世界嘛,为什么现实世界里毫无动静?

骗我玩吧,不是真的……

怎么不是真的?

这个虚拟世界和"我"是真的存在吧?

在你没进入虚拟世界之前,想过会有这样的事情吗?

这个……

啊!

而且,

你说得对,路西法正在制订控制全世界的计划。

……

至今他还未行动，

就是因为你！

因为你在推迟
他的计划！

什么？

应用最广泛的十进制

十进制采用 1,2,3,4,5,6,7,8,9,0 这十个数码，表示所有的数值。10 个 1 是 10,10 个 10 是 100,10 个 100 是 1000,10 个 1000 是 10 000。像这样遇十向前进一位的记数方法叫作十进制。

古埃及和中国很久前就开始采用十进制法计数,但表示方法不同。在古埃及,1 用木棒表示,10 用马蹄表示,100 用测量长度的绳子表示,1000 用莲花表示,10 000 用手指或者芦苇的芽表示,100 000 用蝌蚪表示。每扩大 10 倍时就用不同的符号来表示。在中国,表示数值扩大 10 倍时,用的则是像"十、百、千、万……"这样的单位。只有在阿拉伯数字中,按 10 倍扩大数值时不增加新的单位,而是通过进位来表示。例如 8685,前面的 8 在千位上,表示的是 8000;而后面的 8 则是在十位上,表示的是 80。虽然都是数字 8,但是在不同数位上数值的大小是不相同的。

$$8685=8×1000+6×100+8×10+5$$

现在共有 10 捆柴火，每捆柴火由 10 根木头构成，因此一共有 100 根木头。

生活中的多种计数法

原始的二进制法

据说在澳大利亚和新几内亚岛上生活的土著居民用"urapun"表示1，用"okosa"表示2，用"okosa-urapun"表示3，用"okosa-okosa"表示4，用"okosa-okosa-urapun"表示5，以此类推。这可以算是最原始的二进制了。

用手指和脚趾来数数，五进制法

随着需要数的数值变大，人们又从自己的手指和脚趾个数上得到启发，发明了五进制法。我们在唱票时写"正"字或者画斜线，每五根斜线为一组，都是五进制法的使用例子。

玛雅人使用的二十进制法

在中美洲播撒文明种子的玛雅人使用二十进制法，仅靠圆点和横线就可以表示很大的数值。他们还是最早提出0的概念的人。

0	1	2	3	4	5	6	7	8	9

10	11	12	13	14	15	16	17	18	19

玛雅人使用的20个数字

与气候变化有关的十二进制法

随着人类的发展,人们认识到气候变化是有规律可循的,于是开始观测天象并且确定一年有 12 个月,十二进制法也逐渐被广泛使用。12 生肖、黄道 12 宫、12 支铅笔叫 1 打、1 英尺是 12 英寸、时钟的表盘刻度有 12 个、古代音乐的 12 律,这些都与十二进制法有关。

12支铅笔是 1 打。

钟表的表盘上有 12 个刻度,一天有 24 小时。

古巴比伦王国的六十进制法

古巴比伦王国使用的六十进制计数法,被保留在刻有楔形文字的泥板上。古巴比伦人通过观测知道了地球公转周期约为 360 日,并把圆周分为 360 等份,再将其六等分从而出现了 60 这个单位。六十进制法现在仍在生活中被广泛使用,如 60 秒是 1 分,60 分是 1 小时。

● **道奇的问题**(难易程度:三年级上学期)

从 0,3,5,8,9 五张数字卡片中挑出三张卡片，组成的最大三位数和最小三位数各是多少？

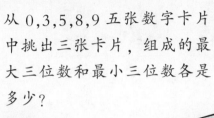

● **达莱的问题**(难易程度:四年级上学期)

由 0,2,5,7,9 五张数字卡片组成的第二大的数和第二小的数之和是多少？

● **智妮的问题**(难易程度:四年级上学期)

在下面的减法算式中,1~9 中的每个数字只能出现一次。□中合适的数字分别是多少？

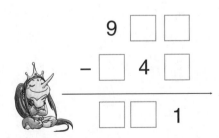

$$
\begin{array}{r}
9\ \square\ \square \\
-\ \square\ 4\ \square \\
\hline
\square\ \square\ 1
\end{array}
$$

● 最大的三位数：985　　　最小的三位数：305

● 118 099

20597 + 97502 = 118 099

5 张数字卡片构成的最小数是 20 579，第二小的数是将十位上的数字和个位上的数字调换后的 20 597。5 张数字卡片构成的最大数是 97 520，第二大的数是将十位上的数字和个位上的数字调换后的 97 502。

因此两个数之和是 20 597+97 502=118 099。答案是 118 099。

```
  9 [2] [7]          9 [2] [7]
-[3] 4 [6]         -[5] 4 [6]
---------          ---------
[5] [8] 1          [3] [8] 1
```

因为 1，4，9 都使用过了，所以可以填入□中的数字是 2，3，5，6，7，8。因为个位数之差是 1，所以个位上的数字组合可能是 (2,3)，(5,6)，(6,7) 或 (7,8)。四种情况中个位上的数字是 6 和 7 时，算式能成立，所以有上面 2 种答案。

第七章
人造卫星坠落

A国

司……司令官大人，大事不妙！导弹发射系统突然失灵了。

！

什么？

呃啊啊！是……核导弹！

马……马上停止！

B国

啊啊！

A国向我们发射了核导弹！

什……什么？

我们要回击他们！

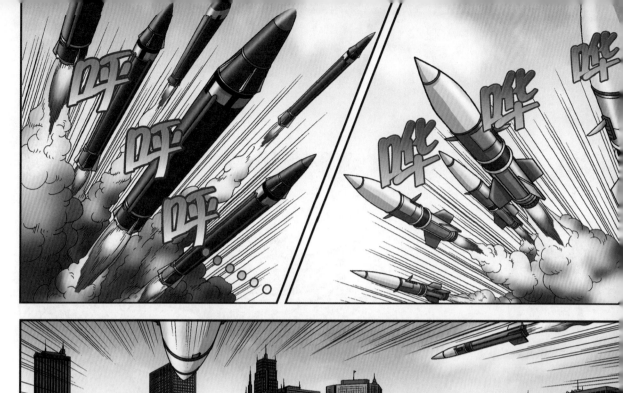

啊啊 啊啊 啊啊 啊啊

嘀嘀嘀

……

要……要是真的像智妮姐姐说的，那种事在现实中发生的话……

怎么办才好呢，道奇？

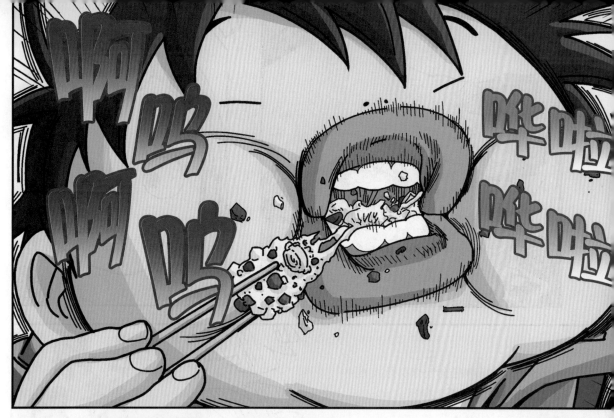

还是男孩子吃饭香。嘿嘿！

......

实在是无法理解。

咦？

听到昨天那些话后，食欲一点都不减……

你是没脑子呢，还是傻瓜呢？

你这算什么呀？

达莱怎么不吃饭啊?
没胃口吗?

那个……

什么?

你说计算机程序在全世界引起灾难并
发射了核武器,真是个幻想少女。

咯咯 咯
咯咯

是吧?

哈哈哈哈……

道奇,你笑
什么呀?

你昨天明明
也听到了!

噗……

啊,对了。

啪嗒

哼,现在想
起来了?

您看到了吧？这就是那台游戏机造成的坏影响。

在事态恶化之前，不如现在……

嘀咕……

哦哦……嗯嗯……

不是那样的！

听到那些话还泰然自若的你才奇怪呢！

我怎么可能相信一个游戏里虚拟人物的话呢？

孩子们别吵了，吃了饭去买点水果回来吧。

所以……

你完全不相信智妮姐姐的话吗？

哼。

那么荒唐的话让人怎么相信？

也就能骗骗你这种死心眼儿的孩子吧！

骗骗？

想想吧！名为"路西法"的人工智能程序为了证明自己是世界第一，选中的代表人类的对手居然是我，

你认为那可能吗？

那……那是因为路西法听了你爸爸的话……

所以说更不可能了！

我爸是全世界最了解我的人了，他知道我有多讨厌学习。

我爸指定我当人类代表，是根本不可能的事儿。

让我当百战百败的代表还差不多……

听起来好像是这样，没错……

所以说人类的命运就担负在你的肩上！

那智妮姐姐为什么那么说？

祝您生意兴隆。

是，谢谢您。

嗯？

* 苹 果

* 1 个 1000 韩元。
* 付 9 个的价钱卖您 10 个。
* 买 10 个的话给您 11 个。

那么 9000 韩元能买 10 个，10 000 韩元买 11 个咯？

妈妈给了 10 000 韩元吧？

嗯。

你看着哪种更便宜？

当然是 9000 韩元买 10 个了！

哇,真快啊。你已经计算出来了吗？

嗯?

什么计算……这种事情一眼就看出来了！

算是灵光一现那种感觉吧。

什么呀,一眼看出来有那么快吗？

很好吃吧!

还是……让我算算。

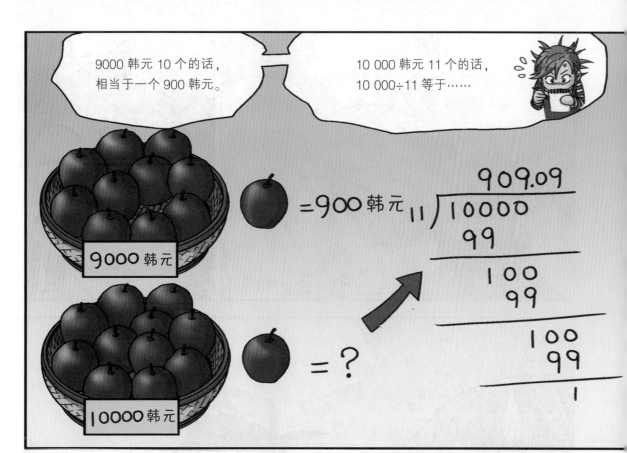

你干什么呀？我费了半天劲计算是为了证明你的选择是对的。

你怎么选了相反的？

不行吗？

啊？

就算知道便宜，也没必要非要选择它吧？

比起每个苹果便宜一点来，我更想多吃一个苹果。有什么不可以吗？

没什么不可以……

啊呜……

对……对啊，这小子就是这种人……

有好吃的就什么都不顾了……

咔嚓嚓

咔嚓

老……老公，你来看看这个。

嗯？什么？

什么啊？这事儿是真的吗？

啊？

这不是电影的预告片吗？

好像不是。

发生什么事了？

嗯？

什么？

飞往香港的飞机突然偏离了航线，迫降在夏威夷的海边……

另外,往来于欧洲各国与美国间的船舶大部分都迷失了方向,在大西洋中漂流。

有人分析，这些突发事故是由于导航卫星突然失灵……

CCN

政府正在进一步查找原因并讨论要采取哪些应对措施。

CCN

这……这不是智妮姐姐预告的情形吗?

大事不妙了,妈妈!

啊！

你们也看到了吗？

妈……妈妈也看过了？

是啊！

亲爱的木村晕倒了，这可怎么办啊，孩子们？

对粉丝的留言是……

我……我只是感冒而已。

啊呜呜呜

噗！

吠！

当当

什么呀，妈妈！

现在不是为这种小事伤心的时候。

木村得了重感冒，你居然说这是小事！

暴怒！

……

……

CCN

有消息称，导致一系列灾难发生的导航卫星失灵事件与美国航空航天局(NASA)的人工智能网络有关系。

有关当局迟迟不对此事做出解释，使人们对此更加怀疑。

CCN

......

看！我明明说过有可能会发生这种事情吧。

......

再加上刚才记者说美国航空航天局如何如何，看来果然如智妮姐姐所说，这件事一定和路西法有关！

难道真的会……

啊！

现在不能干等，往美国打个电话怎么样，妈妈？

啊！

是啊，这是个好主意！

……

……

不……不过国际长途很贵……

现在你还有工夫考虑贵不贵的问题吗？

嘿嘿

Yes, yes!

Thank you.

嘟

......

他……他们说什么？

只用英语说完就挂了电话，看来是没和叔叔、阿姨通话吧？

那个……

因为对方说的是英语，所以我一句也没听懂。

......

ooo

开个玩笑，

对方说你爸妈在执行重要的任务，所以暂时无法直接通话。

还说任务一结束就让他们尽快和我们联系，

看来不像达莱担心的那样。

啊！

好，那我们削水果吃吧！

……

他们说的不是真的，那边不可能对妈妈说实话。

你怎么想？

这里的虚拟世界和我,你都亲眼看见了,还不相信吗?

侵入网络后令导航卫星失灵、引发飞机相撞或船舶触礁等事故,

路西法那家伙只要下定决心,这些都是明天就会发生的事情!

......

果然……

只能亲自去确认了！

啊！

但去之前还得看看有没有其他办法……

没有其他办法，快进去吧！

居然被你识破了！

乘法是什么

❶ 6+6+6+6+6+6+6+6=☐

❷ 6×8=☐

上面的两个算式,哪个算式更容易求解?虽然第一次看到乘法符号×的人会感觉第一个算式更简单,但恐怕更多人会觉得 6×8 更简单。6×8 表示的是 8 个 6 相加。像这样相同的数字多次相加时,使之看起来更明了、运算起来更方便的办法就是乘法。

除法的两种意义

❶道奇想将 24 张贴画平均分给 3 位朋友,每位朋友应该给几张呢?

❷道奇想将 24 张贴画每 3 张给一位朋友,他可以给几位朋友呢?

❶道奇想将 24 张贴画平均分给 3 位朋友。他按照一人一张的顺序,将贴画轮流发给这 3 位朋友,每位朋友拿到了 8 张贴画。

❷道奇想将 24 张贴画平分给朋友,每位朋友发 3 张,8 位朋友拿到了贴画。

❶和❷两个问题虽然都是通过 24÷3=8 这样的除法得到的答案,但如上图所示,❷和❶的解答过程不同。

● 道奇的问题 (难易程度:四年级上学期)

给出右边问题的答案,并看看每个算式都有什么共同点。(可以使用计算器)

$9 \times 9 + 7 =$ ☐

$98 \times 9 + 6 =$ ☐

$987 \times 9 + 5 =$ ☐

$9876 \times 9 + 4 =$ ☐

$98\,765 \times 9 + 3 =$ ☐

$987\,654 \times 9 + 2 =$ ☐

$9\,876\,543 \times 9 + 1 =$ ☐

$98\,765\,432 \times 9 + 0 =$ ☐

● 达莱的问题 (难易程度:四年级上学期)

请朋友说出 1~9 中自己喜欢的一个数字,并用这个数字乘以 12 345 679。所得结果再乘以一个数就可以得到一个每一位都是朋友喜欢的数字的九位数。这个数是多少?

● 智妮的问题 (难易程度:五年级下学期)

古希腊著名数学家丢番图对整数论(研究整数性质的学问)和代数学 (用文字代替数字、简单说明数学法则的学问)有深入研究。虽然我们不能确切地知道丢番图出生和死亡的时间,但通过他墓碑上刻的文字可以知道他活了多少岁。丢番图活了多少岁?

啊!伟大的丢番图!他的童年占一生的 1/6,接着是 1/12 的少年时期,又过了 1/7 的时光后,他找到了终身伴侣,结婚 5 年时有了一个儿子。啊!他可怜的儿子只活到父亲寿数的一半,就匆匆离去。陷入丧子之痛的他在之后的 4 年里埋头于整数论的研究中,终于告别了数学,离开了人世。

● **所有问题的答案都由数字 8 构成。**

$$9×9+7=88$$
$$98×9+6=888$$
$$987×9+5=8888$$
$$9876×9+4=88\ 888$$
$$98\ 765×9+3=888\ 888$$
$$987\ 654×9+2=8\ 888\ 888$$
$$9\ 876\ 543×9+1=88\ 888\ 888$$
$$98\ 765\ 432×9+0=888\ 888\ 888$$

● **9**

例如朋友如果说 7 的话,

$$7×12\ 345\ 678×\square=777\ 777\ 777$$
$$86\ 419\ 753×\square=777\ 777\ 777。$$

因此 $\square=9$。除了 7 外,如果朋友说的是其他数字的话,答案也会是 9。

● **84 岁**

假设丢番图的年龄是 $\square$ 的话,那么

$$\square=\frac{1}{6}×\square+\frac{1}{12}×\square+\frac{1}{7}×\square+5+\frac{1}{2}×\square+4$$

$$\square=(\frac{1}{6}+\frac{1}{12}+\frac{1}{7}+\frac{1}{2})×\square+9$$

$$\square=\frac{75}{84}×\square+9$$

$$\square-\frac{75}{84}×\square=9$$

$$\frac{9}{84}×\square=9$$

$$\square=84$$

所以,丢番图一直活到 84 岁。

第八章 路西法登场

这……
这里是……

我们是不是进
错了地方啊?

……

你在哪里,姐姐?

别开玩笑了,快点出来吧!

姐姐

智妮姐姐

姐姐

你在哪里

嘀嘀嘀嘀

咳咳咳咳咳咳

现……现在嗓子都快哑了。

难道真的进错地方了吗?

哈啊

哈啊

嗯？

啊！

找到了！

姐姐！

啪 啪 啪

智妮姐姐！

嗯？

啊！

?

不是啊。

对……对不起了。

……

呜呜

你找谁？

啊，您认识智妮姐姐吗？就是管理这个虚拟世界的精灵姐姐……

智妮？智妮我当然认识了。

我把她叫来？

啊？真的吗？

呵呵呵,当然!

不过……

这里既然是数学世界,你得先解答我出的问题,我才能帮你啊。

啊？

好……就这么定了。是什么问题呢？

咯咯!

你看下面。

哇啊!

每座桥只能走一次,那边的七座桥能不能全部都经过呢?

如你所见,桥太老了,
不能经过两次。

不然桥会断掉,人
就会掉进深渊里。

……

怎么样?

我……我
试试吧。

好!

走之前呢……

能不能先计算
一下呢?

当然可以了。

嘿嘿……

咯咯

啊！怎么找都找不到，真想和她说干脆回去……

可是达莱这孩子跑到哪儿去了？

嗯？

啊呵！原来你找到智妮姐姐了啊！

让我一个人白辛苦了半天！

喂，金达莱！

找到了就该告诉我……

啊?

这样也不行……

不是啊!

爷爷您是谁?

那再来……

那你又是谁呢?

我?

啊,道奇,你什么时候来的?

啊!

只走一次,全部
的桥都要经过?

嗯。

什么?

嗯……

……

好像可以但
又不行……

这个问题我可
以回答吗?

哦?

答案是不能!对吧?

你可以解开吗?

什么啊？让你解答问题，你说什么傻话……

傻瓜，看好了！

不要被这种问题中复杂的地形地貌迷惑了，要把它简化来想。

怎样，是不是像在哪儿见过？

啊！

和"一笔画"的
游戏差不多！

是的，看能不能用
铅笔不间断一笔画
成就能知道答案！

这是个一笔画
不出的图形。

回到爷爷"能不能全
部都经过"的问题。

正确答案就是"不能"！

怎么样,爷爷?

……

嚯嚯嚯。

精彩续集，请看
"数学世界历险记"第2册
《笨人国里的数学天才》。

过桥与一笔画

第二次世界大战之前,俄罗斯的加里宁格勒市叫哥尼斯堡,是属于德国的土地。普列戈利亚河横穿这座城市,河中有2座岛,共有7座桥把2座岛与河岸连接在一起。爱动脑筋的人提出一个有趣的问题:同一座桥不可以走两次,但所有的

桥都要经过一次,这样散步可以做到吗?很多人都为求解哥尼斯堡的过桥问题而努力,但谁都没有找到答案。虽然一直都没有人成功地这样走过,但也不能就此断言做不到。因为在数学中求解固然很重要,但对答案的证明更加重要。因此人们拜托著名的数学家欧拉来解决这个问题。欧拉用谁都没有想到的新颖方法得出了"同一座桥不走两次,但所有的桥都要经过一次,这样散步做不到"的结论。欧拉是怎样找到答案的?

据说欧拉并没有亲临哥尼斯堡,而是画出了下图的图形。将左边那样复杂的图形表现为像右边那样通过点和线构成的简单图形。复杂的哥尼斯堡桥问题就成为了简单的"一笔画"问题了。

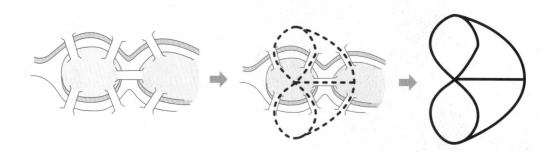

欧拉通过计算奇数点和偶数点的数量,很快判断出图形是否可以一笔画出。奇数点就是与奇数条线相连的点,偶数点就与偶数条线相连的点。像①那样没有奇数点只有偶数点的图形,可以一笔画出来且出发地和目的地相同。像②④那样,有两个奇数点的图形,从一个奇数点出发到另外一个奇数点结束,也可以一笔画出来。像③那样,奇数点的个数不是0也不是2,这类图形是不可以一笔画出来的。

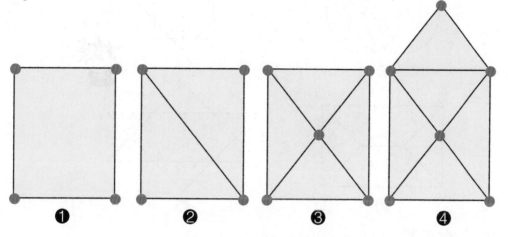

❶　　　　　　　❷　　　　　　　❸　　　　　　　❹

　　现在再回过头来看看关于哥尼斯堡桥的问题。

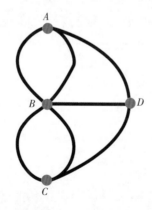

　　这样简化后可以清楚地看到,A 是与 3 条线相连的奇数点,B 是与 5 条线相连的奇数点,C 是与 3 条线相连的奇数点,D 也是与 3 条线相连的奇数点,奇数点共有 4 个。这个图形不能一笔画出,要一次通过所有的桥散步也是不可能的。

道奇的问题 (难易程度:四年级上学期)

用欧拉的方法找出下图中可以一笔画出的图形。

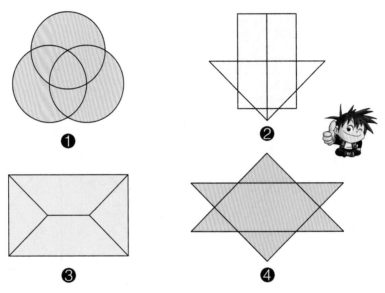

❶

❷

❸

❹

达莱的问题 (难易程度:五年级上学期)

邮递员从下图的一个点出发,所有的路都可以重复走,派件结束后返回到原来那个点。那么,最短的投递路线长度是多少呢?

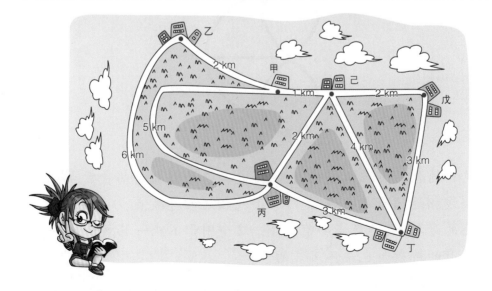

智妮的问题 (难易程度:六年级上学期)

下图是某个博物馆的平面图。这个博物馆一共有 9 个展览厅,共有 15 扇门连接各个展览厅。利用欧拉的方法说明,在每扇门只能通过一次的条件下,是否可以从 A 处进入,最后从 A 处出来。

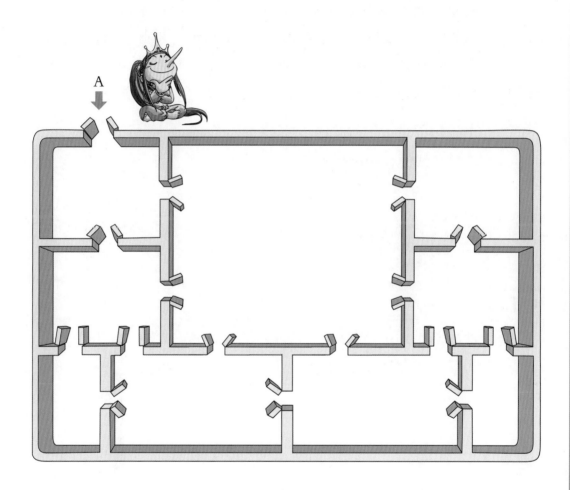

❶❷❹

因为①与④都是偶数点,所以可以一笔画出来。

因为②只有2个奇数点,所以可以一笔画出来。

33 km

下面的路线中有两个奇数点甲和丁。为了缩短路线,必须从一个奇数点出发,一次走完所有路线,到达另一个奇数点,再选择走两个奇数点之间的最短线回到出发地点。连接甲、己和丁的践线最短,整条投递线路是33km。

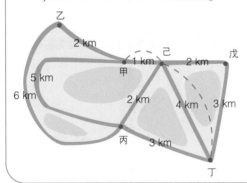

甲—丙—乙—甲—己—丙—丁—戊—己—丁—己—甲

或

丁—戊—己—丁—丙—乙—甲—丙—己—甲—己—丁

可能

如果以展示厅为点,展厅通过门相连为线的话,可以画出下图。

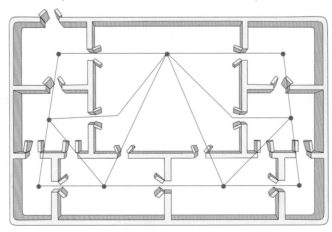

因为9个点全部都是偶数点,所以是可以一笔画出来的图形,并且起点和终点相同。

数学旅行?

这次历险记系列的主题是……

是……

怦怦
怦怦

提心
吊胆

......

是数学!

哇啊!

万岁!

咳。

你看吧,我说这次会很有趣的吧?

我还以为又是洞啊虫子什么的,刚才可把我吓坏了。

哎!

哇哈哈……

哎,没想到你们这么喜欢数学啊……

嗯?

这个会太多吗?

不会,越多越好!

因为前期策划花了太长时间,所以最好马上开始……

你们要去哪里?

啊?

历险记的主题不是游学吗?

游学不就是边旅行边学习吗?

这么大年纪去游学像梦一样。

哇哈哈。

要我掐你一下吗?

注……注意啦!是数学,不是游学!

算术知道不?算术!

......

수학세계에서 살아남기 1

图书在版编目(CIP)数据

被困虚拟数字世界 / (韩) 柳己韵著; (韩) 文情厚绘; 苟振红译.
-- 南昌 : 二十一世纪出版社,2013.7(2023.12 重印)
(我的第一本科学漫画书. 数学世界历险记; 1)
ISBN 978-7-5391-8613-9

Ⅰ.①被… Ⅱ.①柳… ②文… ③苟… Ⅲ.①数学–
儿童读物 Ⅳ.①O1-49

中国版本图书馆 CIP 数据核字(2013)第 079260 号

我的第一本科学漫画书·数学世界历险记①
被困虚拟数字世界　BEI KUN XUNI SHUXUE SHIJIE
[韩] 柳己韵 / 文　[韩] 文情厚 / 图　苟振红 / 译

出 版 人	刘凯军
责任编辑	姜 蔚
美术编辑	陈思达
出版发行	二十一世纪出版社集团
	(江西省南昌市子安路 75 号　330025)
网　　址	www.21cccc.com
印　　刷	江西宏达彩印有限公司
开　　本	787mm×1092mm 1/16
印　　张	12
版　　次	2013 年 7 月 第 1 版
印　　次	2023 年 12 月 第 22 次印刷
书　　号	ISBN 978-7-5391-8613-9
定　　价	35.00 元

赣版权登字-04-2013-255　版权所有·侵权必究
(凡购本社图书,如有任何问题,请扫描二维码进入官方服务号,联系客服处理。
服务热线:0791-86512056)

我的第一本科学漫画书

热带雨林 历险记

到神秘的热带雨林，来一场精彩刺激的历险吧！
走进昆虫和动植物的乐园，增长各种野外知识。

内容简介

　　少年志愿者小宇和阿拉在婆罗洲热带雨林里，遭遇了可怕的龙卷风，陷入绝境之中。唯一的办法是横穿雨林，去寻求普南族部落的帮助。原住民部族的少女战士萨莉玛与他们一同深入雨林冒险。面对野兽、毒虫以及各种因基因突变而变得怪异的可怕生物，三人能否成功穿越雨林？本系列通过生动有趣的漫画，带领小读者走进一段奇妙的探险之旅。实用的科学知识和面对困难毫不退缩的乐观精神，一定能激发孩子们无限的科学潜能。

开本：16 开

定价：35.00 元 / 册（共 10 册）

适读年龄：7~12 岁